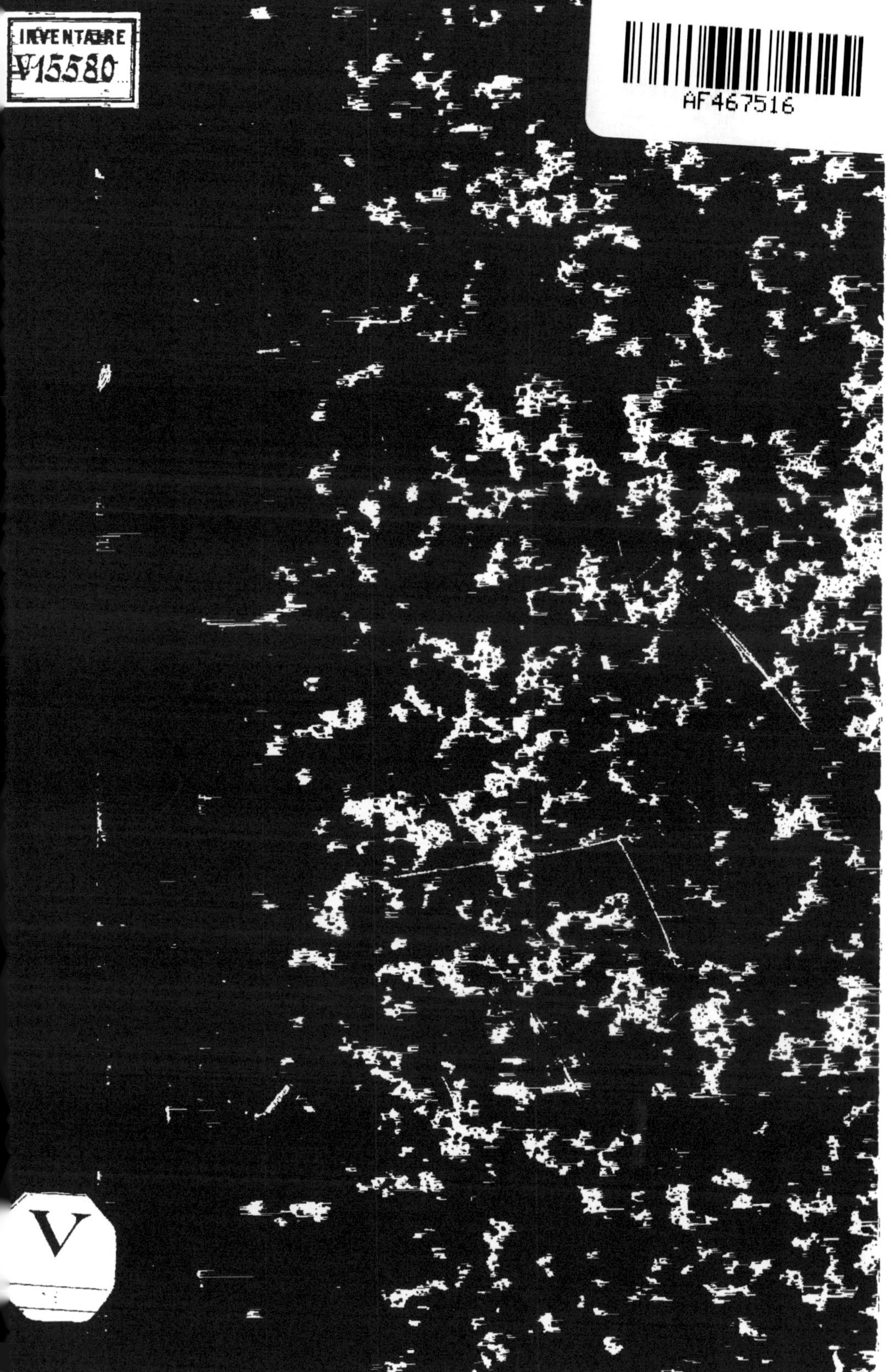

RÉSUMÉ

DES

OBSERVATIONS MÉTÉOROLOGIQUES

FAITES DANS LE BASSIN DU RHONE

ET

A L'OBSERVATOIRE DE LYON

PAR

M. LAFON

PRÉSIDENT DE LA COMMISSION DE MÉTÉOROLOGIE

1872 - 1873

LYON

IMPRIMERIE ADMINISTRATIVE DE PITRAT AINÉ

4, RUE GENTIL, 4

1875

RÉSUMÉ

DES

OBSERVATIONS MÉTÉOROLOGIQUES

FAITES DANS LE BASSIN DU RHONE

ET

A L'OBSERVATOIRE DE LYON

PAR M. LAFON

PRÉSIDENT DE LA COMMISSION DE MÉTÉOROLOGIE

1872-1873

Le mois de décembre 1872 a été la continuation d'une période pluvieuse qui durait depuis deux mois, et qu'il est bon de rappeler. Depuis le 20 octobre, il était tombé en 48 jours, 310mm d'eau, et le mois de novembre, malgré ses 26 jours pluvieux, ne figure dans cette somme que pour 63mm, 4. Si l'on compare ce dernier nombre, qui est de très-peu supérieur à la moyenne, à la quantité de pluie tombée dans le reste de la France, on voit que la vallée du Rhône s'est trouvée, pendant le mois de novembre, sur le bord d'une zone pluvieuse, dont elle n'a ressenti que quelques effets. C'est ainsi que dans le Morvan et sur le plateau de Langres, par exemple, l'épaisseur de la pluie atteint et dépasse même 147mm.

Les vents du S. ont soufflé 17 fois, en novembre, et souvent avec violence, surtout vers la fin. Ainsi le 18, à partir de 10 h. et demie du soir, le S.-O. nous a amené une tempête qui a duré toute la nuit et une partie de la matinée les premières pluies du mois, était déjà descendue le 20 à 0^m,16 au-dessous de l'étiage, et, le 27, elle le dépassait de 2^m,32, hauteur qu'elle ne devait plus atteindre avant le 8 mars.

Sur les côtes de l'Océan, l'ouragan a été d'une extrême violence, et on a eu à déplorer de nombreux sinistres en mer. Il s'est abattu sur Versailles vers 7 h. 30 du soir, d'après M. Berigny, au moment où l'on apercevait des éclairs à l'O-S.-O. Il a été accompagné de grêle et d'une pluie diluvienne, et a duré jusqu'à 9 h. 30. Le baromètre, qui était à 730^{mm},3 le matin à 9 h., n'était plus qu'à 719^{mm},5 à 10 h. du soir (1), La baisse a encore continué pendant 12 heures, quoique le calme fût rétabli, et s'est accrue, pendant cet intervalle, de 8^{mm},6.

A Paris, la foudre est tombée sur plusieurs points, et le vent a été assez violent pour enlever des toitures et submerger une douzaine d'embarcations. La pluie n'a été bien forte qu'entre 8 et 9 h. du soir, car l'eau recueillie, de 8 h. du matin à minuit, n'a été que de 13^{mm},2, dont les trois quarts environ sont tombés entre 8 h. et 9 h. Les cinq jours pluvieux qui ont suivi le 19, n'ont donné que 13^{mm},9.

Dans les bassins de la Saône et du Rhône, la pluie recueillie du 17 au 24, a été de 61^{mm},6 à Dijon, de 46^{mm} environ à Gray et à Saint-Jean de Losne et de 36^{mm} au fort de Joux, où la neige est tombée du 21 au 24.

A Genève, la pluie tombée les 19 et 20 a été accompagnée de violentes rafales et a donné 13^{mm} d'eau.

Dans les stations voisines de Lyon, la pluie est tombée à la même époque, et sa hauteur moyenne n'a été que de 16^{mm} ; Monsol fait seul exception, car, en 4 jours, du 20 au 23, on y a mesuré 49^{mm} d'eau.

Le tonnerre a été entendu à Gray le 17, à 3 h. du soir. Le 20, on a eu de la grêle et le 22, la pluie, la neige et la gelée se sont succédé. A Thurins, à Duerne et Sainte-Foy-l'Argen-

(1) Le baromètre est réduit à 0° et ramené au niveau de la mer.

tière, on a eu un orage accompagné de coups de tonnerre, de 4 à 4 h. 1/2 du soir.

Les habitants de Duerne étaient vivement impressionnés en voyant des éclairs, accompagnés de coups de tonnerre, au moment où le sol était couvert de 5 à 6 centimètres de neige. Les vieillards de ces contrées affirmaient n'avoir jamais été témoins d'un pareil spectacle.

Au milieu de cette agitation de l'atmosphère, le papier ozonométrique prit une teinte très-foncée. Ainsi, à Thurins (1), où la moyenne de la teinte, dans le mois de janvier, avait à peine atteint le chiffre 2, le papier devint d'un bleu foncé du 20 au 23, ce dernier jour surtout. A Lyon, où la présence de l'ozone n'est presque jamais signalée, la teinte atteignit les 20 et 21, les chiffres 11 et 5, à l'échelle graduée de 0 à 20.

Thermomètre. — Le mois de janvier a été presque aussi doux que le mois précédent, car sa moyenne 6°,4 dépasse de 3°,9 la température normale du mois. C'est dans la première quinzaine que figurent les jours les plus chauds, grâce aux vents du S. qui ont dominé. Le vent du S.-O. a été fort du 8 au 12 et a porté la température à 14°,8 le 11 et le 12, tandis que la colonne barométrique suivait une marche ascendante qui ne s'est arrêtée que dans la nuit du 13.

Nous avons vu qu'après la tempête du 20, les montagnes du Lyonnais s'étaient couvertes de neige. A Lyon, il en tomba un peu le 21, dans la matinée, ainsi que le 28, à 7 h. du soir; nous venions d'entrer dans une période plus froide, qui devait durer plus de vingt jours. On a eu des brouillards et de la glace dans les cinq derniers jours, et le thermomètre est descendu à 2°,2 le 27, qui a été le jour le plus froid.

Le brouillard du 17 a été peu épais, mais a duré toute la journée; celui du 14 a été plus intense et s'est montré dès 6 h. du matin, avec un vent du N.-E. très-faible. A midi, il

(1) Observatoire de M. Marnas.

avait complétement disparu, et il a fait beau le reste de la journée.

Dans les trois soirées qui avaient précédé cette journée, entre 9 h. et 10 h., la lune était entourée d'une couronne dont le rayon était de 20° environ, les deux premiers jours, et d'un degré à peine le troisième jour. La pluie, dont ces auréoles lunaires sont ordinairement les signes précurseurs, n'est arrivée que le 18, et le reste du mois a été pluvieux, en exceptant toutefois les journées du 21 et du 29 qui ont été belles.

Malgré ses treize jours pluvieux et un peu de neige à deux reprises, le mois de janvier n'a donné que 24mm,7 d'eau, c'est-à-dire 12mm,3 de moins que la moyenne.

Février

Baromètre. — La pression atmosphérique est soumise pendant les quatre premiers jours à des oscilliations dont l'amplitude atteint 6mm en 24 heures, et subit une baisse de 12mm4 dans l'espace de 39 heures. Le baromètre qui était à 748mm,6 le 5, à 9 h. du matin n'était plus le 6, à 11 h. du soir, qu'à 736mm,2, hauteur qu'il avait encore le lendemain à 5 h. du soir (1). Dans la nuit du 6 au 7, il est tombé un peu de neige comme cela arrive presque toujours lorsque le baromètre éprouve une forte dépression avec les vents du N. Cette neige avait déjà fondu à Lyon le 7 à 8 h. du matin, mais elle se maintint pendant plusieurs jours encore sur les montagnes voisines. Elle fut abondante à Monsol et à Cercié, et sur toute la chaîne du Beaujolais.

Le baromètre, que nous avons vu à 752mm,3 le 16 du mois

(1) L'observatoire du baromètre, à la date du 7, est 736m,2 et non 746m,2 comme l'indique le tableau.

dernier n'a atteint de nouveau cette hauteur que le 15 février puis il s'est élevé à 761^{mm},5 le 18 à 7 h. du matin, et a conservé pendant 37 h. cette hauteur tout à fait anormale pour Lyon. On trouve ainsi, à un mois d'intervalle, le contraire de deux pressions extrêmes, dont l'écart s'est élevé à 41^{mm},6 — Cette haute pression coïncidait comme toujours avec un vent très-faible, venant de l'E. ou du N.-E., et, au milieu de ce calme de l'atmosphère, qui a duré cinq jours, un épais brouillard s'est montré chaque jour dans la matinée. Le 18, le 19 et le 21, à 7 h. du matin, la vue ne s'étendait pas au-delà de 30^{m}, dans les environs du pont Morand. A partir du 22, à midi, le brouillard est dissout par le S.-O., qui souffle jusqu'à la fin du mois, mais faiblement d'abord jusqu'au 25. Ce jour-là, vers 6 h. du soir, l'air était encore très-calme, et la chaîne des Alpes se montrait distinctement, tandis qu'au couchant, quelques cumulus d'un gris noir prenaient une magnifique teinte pourpre, se détachant sur un fond bleu. Comme on pouvait s'y attendre d'après ces indices à peu près certains, le S.-O. augmente d'intensité et nous occasionne une tempête pendant la nuit.

Depuis le 19, à 5 h. du soir, la pression avait commencé à suivre une progression décroissante, qui avait fait descendre le baromètre à 742^{mm},5, le 25 à 8 h. 1/2 du soir, et à 734^{mm},2, le 26, à 9 h. du matin. Le vent du S.-O. souffla encore avec force pendant toute la journée du 26 jusqu'à 9 h. du soir, et le baromètre, continuant toujours à baisser, atteignit 732^{mm},6 à 9 h. 1/2 du soir. Le lendemain, 27, à 7 h. du matin, la pression avait atteint son minimum 729^{mm},6.

Du 25 au 26, à 9 h. du matin, la baisse fut de 16^{mm}, 8 à Paris et de 10^{mm}, à Perpignan. A Marseille, elle ne fut que de 14^{mm},2 du 25 au 27.

Cette baisse était occasionnée par une tempête qui sévissait en ce moment sur la mer Baltique; le 26, le centre de la bourrasque se transporte au N.-O. de l'Irlande et son action rayonne au loin, des côtes d'Espagne à la mer du Nord. La pluie est alors générale et assez abondante, car du 25 au 28, le Rhône monte de 0^m, 94 et la Saône de 1^m,33.

THERMOMÈTRE. — Contrairement aux deux mois précédents le mois de février a eu une température normale, car sa moyenne 4,07 n'est inférieure que de 0°,8, à la moyenne ordinaire. La prédominance des vents du N. explique l'abaissement de la température, ainsi que la sécheresse exceptionnelle qui caractérise le mois de février, car il n'a donné que 16^{mm},7 de pluie.

On a eu dix jours consécutifs de gelée, du 5 au 14, et la journée du 12 a été la plus froide du mois. Ce jour-là le thermomètre est descendu à — 3°,0, avec un vent du N. modéré, tandis que le 11 et le 13 le vent était assez fort.

Une autre série de cinq jours froids a eu lieu du 17 au 21, au moment des fortes pressions que nous avons signalées, et qui coïncidaient avec un brouillard épais et un faible vent du N.-E. Le minimum n'est descendu qu'à — 1°,8 le 19, et à — 1°,5 le 30, mais la moyenne des températures de ces cinq jours, prises à 9 h. du matin, n'a été que de 0°,3.

Les vents du S. ou du S.-O., qui ont régné sans partage les huit derniers jours du mois, ont élevé la température et porté le maximum à 16°,2, dans la journée du 15, qui s'est terminée par un ouragan du S.-O. C'est ce même jour que la température a atteint le maximum du mois à Paris et à Perpignan, et ce maximum a été de 12°,5 pour Paris et 18°,8 pour Perpignan.

En résumé, les phénomènes météorologiques de février nous présentent tous les caractères d'un mois d'hiver. Nous avons trouvé, en effet, 10 jours de brouillards, autant de jours pluvieux, 15 jours de gelée et 4 jours pendant lesquels il est tombé un peu de neige.

La moyenne des *minima* pendant les 3 derniers mois a atteint 3°,0, et celle de *maxima*, 8°,95, ce qui donne 5°,97 pour la température moyenne de l'hiver 1872-1873, c'est-à-dire 2°,57 de plus que dans les hivers ordinaires.

Mars

Baromètre. — Dans les premiers jours du mois de mars, la lutte entre le vent du N. et le vent du S. amène de fréquentes variations dans la pression. Ainsi le 1er, vers midi, le vent soufflait faiblement du N.-E., tandis que le S.-O. poussait les nuages sur un ciel presque pur; à 6 h., le baromètre avait baissé de 4mm,6 et la pluie commençait à tomber. A partir de 10 h. du soir, le vent supérieur, qui l'avait emporté sur le N., souffla avec force pendant toute la nuit. Le 2, à 6 h. 40 du matin, la pression avait atteint son minimum après avoir baissé de 10mm en 24 h. A partir de ce moment, elle s'élève rapidement, quoique le vent du S.-O. persiste; mais le N.-O. règne dans les régions supérieures, et le baromètre, qui était à 730mm,7, à 6 h. 40 du matin, atteint 734mm,5 à midi, 738mm,6 à 5 h. et 743mm,6 à 10 h. du soir.

La hausse s'était encore accrue de 4mm,2 le 3, à 7 h. du matin, ce qui donne, en tout, un accroissement de 17mm,2 en 24 heures.

A Paris, le minimum de pression eut lieu le 1er, à 9 h. du soir, mais le maximum coïncida exactement avec celui de Lyon, et la hausse atteignit 20mm,5 du 1er au 3.

A Genève, cette oscillation de la colonne de mercure eut lieu dans le même intervalle de temps qu'à Lyon, mais l'amplitude fut plus petite de 2mm environ.

A Marseille et à Perpignan, la baisse n'atteint pas 3mm et la hausse 8mm, dans le même intervalle de temps. Ces oscillations ne sont que le contre-coup, plus ou moins accentué, d'une bourrasque signalée le 1er sur les côtes d'Irlande, et qui se rapproche, le 2, du N. de la France, sans étendre son influence sur le littoral de la Méditerranée.

Dans presque tout le bassin du Rhône, la pluie a commencé à tomber le 1er, vers 6 h. du soir, et a persisté le lendemain. L'eau recueillie a atteint, ce jour-là, 23^{mm} à Monsol et 40^{mm} à Saint-Nizier d'Azergues. La pluie continue jusqu'au 20 dans la partie supérieure du bassin de la Saône et jusqu'au 23 dans le voisinage de Lyon. La couche tombée pendant ces vingt jours pluvieux a atteint 122^{mm} à Dôle, 119^{mm} à Villefranche, à Bourg, à Duerne, à Loire, 114^{mm} à Thurins et 125^{mm} à Lyon, dont la moyenne est 65^{mm},3 pendant le mois de mars.

La pluie a surtout été abondante du 7 au 9. A Lyon, la matinée du 7 était assez belle, et le vent soufflait, en bas, d'abord du N.-E., puis du S., tandis que les *cumulus* étaient poussés par les vents O.-N.-O. La pluie a commencé à 7 h. du soir et a duré pendant 30 h., ce qui a donné 38^{mm},8 d'eau. Pendant cette forte pluie, le baromètre restait à peu près stationnaire à 741^{mm},5, et, en même temps, une tempête éclatait au N. de l'Écosse.

Une forte dépression est arrivée, du 9 au 13, sur presque toute la France. Elle a été de 15^{mm},5 à Paris et de 13^{mm},7 à Marseille et à Saint-Jean de Losne, extrémités opposées de notre bassin.

A Lyon, le baromètre, qui avait commencé à baisser lentement à partir du 10, dans la matinée, avec un vent du S. modéré, a pris une marche rapide le 11, dès 7 h. du matin. Le vent O.-S.-O. a soufflé avec violence toute la nuit et la pluie est arrivée le 12, à 3 h. 1/2 après midi, pour ne cesser que le lendemain à 10 h. du soir.

Le 13, à 8 h. du matin, le baromètre avait cessé de descendre et n'était plus qu'à 728^{mm},7, ce qui représente une baisse de 13^{mm},8 en trois jours. Après être resté à peu près immobile de 8 h. à midi, il monte rapidement et s'est déjà élevé de 6^{mm},3 à 10 h. du soir, au moment où la pluie cesse de tomber. Le vent avait brusquement tourné au N. ou au N.-E., depuis le matin, dans toute la partie supérieure du bassin, pendant qu'une forte dépression se faisait sentir sur le golfe de Gascogne.

Les pluies des 12 et 13 font grossir la Saône, qui déborde le 14 à Gray, et, à Saint-Jean de Losne, elle croît jusqu'au 17 et atteint la hauteur de 3^{mm},60, au-dessus de l'étiage. A Trévoux, la crue n'arrive à son maximum que le 20, à midi, et le niveau de la rivière atteint alors 4^{mm},42 à l'échelle de cette ville. A Lyon, le niveau du Rhône s'élève à 2^{mm},59, le 11, à midi; puis, après être descendu à 1^{mm},90, il remonte rapidement, le 14, à 2^{mm},52.

Signalons encore, pendant ce mois, une dernière dépression, arrivée du 16 au 19, et qui varie de 12^{mm} à 5^{mm},2, allant du S. au N. A Lyon, comme à Genève, elle a commencé le 16, à 8 h. du soir, et s'est arrêtée le 19, vers midi. Elle a été de 10^{mm},7 à Genève et a dépassé de 3^{mm} celle de Lyon.

Thermomètre. — La température du mois de mars a été en rapport avec celle de l'hiver, et sa moyenne, qui est de 9°,98, dépasse de 2°,59 la température normale du mois. Les vents de l'Atlantique ont dominé et nous ont amené des couches d'air humides et tempérées. Le vent du N.-E. a cependant soufflé une dizaine de fois, mais il a toujours été très-faible. Les *minima* les plus faibles correspondent aux matinées des 1er, 7, 13, et ont été tous les trois de 2°,2 environ. Le thermomètre à *maxima* a atteint 20°,0 le 16, avec un vent d'E. faible, puis il s'est tenu entre 17°,0 et 20°,6 pendant les dix derniers jours du mois, avec une moyenne de 19°,7.

Cette série de jours tempérés et beaux avait débuté par un orage survenu le 22, à 6 h. 20 du soir. Le vent du S., qui régnait depuis le 21 dans les régions supérieures, finit par se substituer au N. et souffla avec peu d'intensité. Le baromètre resta à peu près stationnaire à 740^{mm},7 pendant presque toute la journée. A 5 h. 1/2, le ciel était aux trois quarts couvert par des cirrus et des cumulus bien distincts, tandis qu'une brume épaisse, venant du S., s'avançait vers nous. De 6 h. 20 à 6 h. 35, il y eut quelques éclairs accompagnés de coups de tonnerre, et la pluie, survenue à 7 h., continua à tomber, par intervalles, pendant une partie de la nuit. Le baromètre, qui était à 741^{mm},1 à 7 h., s'était élevé de 1^{mm},2 à 9 h. 1/2 et de 2^{mm},6 le lendemain, à 8 h. du matin.

Dans la nuit du 22 au 23, un orage, venu de l'E., a eu lieu à Carcassonne. D'autres orages ont éclaté, pendant ce mois, en différents points de la France, mais ils n'ont eu qu'une faible étendue. C'est ainsi que, pendant qu'on entendait le tonnerre à Saint-Jean de Losne et à Gray le 16 et le 17, nous avions à Lyon deux belles journées. Il en est de même des journées du 28 et du 31, très-belles pour nous et orageuses pour Paris et pour Perpignan.

Avril

Baromètre. — La pression atmosphérique, qui s'était peu écartée de la pression moyenne pendant les huit derniers jours du mois de mars, atteint 751^{mm},7 le 2 à 10 h. du soir, ce qui correspond à une hausse de 9^{mm},0 en 28 heures. Le ciel, qui avait été assez pur dans la matinée du 2, se couvrit entièrement vers midi, et, à 5 h. 50 du soir, on entendit quelques coups de tonnerre qui furent suivis de quelques gouttes de pluie. Des nuages noirs étaient poussés par le N.-O., tandis que le S.-O. soufflait faiblement en bas. L'orage éclata à Thurins vers 6 h. du soir, et la pluie tombée s'éleva à 6^{mm}. Il plut un peu à Montsol, à l'Arbresle et à Loire, où le tonnerre fut également entendu.

Un orage éclata, le même jour, à Langres, et le lendemain, à Genève et à Montbéliard, de 3 h. 1/2 du soir à 4 h. Pendant ces deux orages, qui se sont dirigés du N.-O. au S.-E., le temps était généralement beau dans toute la partie supérieure du bassin de la Saône.

A partir du 2, le baromètre baisse partout et atteint son minimum du 6 au 7. Dans cet intervalle, la dépression a été de 19mm,5 à Paris, de 16mm,0 à Lyon et à Genève et de 12mm à Marseille.

Les vents soufflent généralement de l'O. ou du N.-O. et la pluie, arrivée dès le 5, dure de 4 à 5 jours. Très-faible à Lyon, elle donne 17mm à Saint-Jean de Losne, 44mm à Montbéliard et 27mm,5 à Bourg. Il a beaucoup neigé à Genève, dans la nuit du 6 au 7, et cette neige, entraînée par la pluie, fit monter rapidement le Rhône de 0m,83, le 7, dans la matinée.

Ce jour-là, à Lyon, quoique la température n'eût pas dépassé 8°,7, on a entendu un coup de tonnerre à 3 h. 45 de l'après-midi.

La pluie cesse généralement le 9 et le 10, et le vent, tourné au N., refroidit la température. Cependant, à Marseille, après six journées de N.-O., le vent du S.-O. souffle le 9 et le 10 et la pluie est abondante. Deux orages éclatent à Toulon, dans la soirée du 10, l'un à 7 h. et l'autre à 9 h., et ils se dirigent tous les deux de l'O. à l'E.

Le 11, la pluie est signalée dans toutes nos stations. Elle arrive, dès le matin, dans le N. du bassin, et, à 11 h. du soir, à Lyon, au moment où le baromètre, qui venait de baisser de 7mm,0 en 24 heures, reprenait sa marche ascendante, qui s'arrêta le 13, à 11 h. du matin, avec le vent du S.

Du 16 au 17, le centre de dépression, qui était à l'O. de l'Europe, s'avance vers l'E., et, le 17, la bourrasque a son centre en Belgique. Ce jour-là, à 5 h. du matin, le baromètre est, à Lyon, à son point le plus bas, 732mm,5.

La pluie commença à tomber, le 16, en petite quantité, à Dijon, à Saint-Jean de Losne, à Tarare, à Montsol, et à Lyon il ne tomba que quelques gouttes à partir de 3 h. de l'après-midi.

Le 17, la pluie devint générale et dura jusqu'au 20. Le premier jour, elle eut un caractère orageux en certains endroits.

A Gray, un orage éclata, entre 3 et 4 h. de l'après-midi,

avec une pluie abondante; à Saint-Jean de Losne, le tonnerre se fit entendre vers 2 h., mais la pluie n'arriva qu'un peu plus tard.

Un orage se dirigea de l'O. à l'E., éclata sur Thurins et Lyon, à 3 h. de l'après-midi, sans donner beaucoup d'eau.

A Genève, des éclairs accompagnés de tonnerre se montrent au N., de 2 h. 45 à 4 h. 50 de l'après-midi.

A Marseille, la pluie tombée le 17 s'élève à 41^{mm},6.

Toutes ces pluies occasionnent à la Saône une crue importante, qui est de 1^{m},66 du 19 au 24, au pont de la Feuillée.

A Saint-Jean de Losne, le niveau de la Saône monte de 0^{m},89 du 19 au 20 et s'arrête à 3^{m},08 le 22, à 6 h. du soir.

A Verdun-sur-Saône, les eaux atteignent 3^{m},62 le 20, à midi, après une crue de 1^{m},04 en 24 heures, puis elles arrivent à leur maximum d'élévation, 5^{m},20, le 22, à midi. Ce n'est que le 24 que le maximum 3^{m},40 est atteint à l'échelle de Trévoux.

Le 24 et le 25, on a 2^{m},69 à l'échelle du pont de la Feuillée. Le Rhône, qui était à 0^{m},90 au pont Morand, le 18, s'élève de 1^{m},09, en 24 heures, pour décroître peu à peu, jusqu'à la fin du mois.

Le 23, sous l'influence d'une bourrasque signalée dans le N. de l'Espagne, le baromètre subit, en 48 heures, une dépression qui est de 10^{mm},05 à Marseille et à Genève, de 14^{mm},0 à Lyon et de 8^{mm},0 à Saint-Jean de Losne. Cette baisse n'est que momentanée, et, sous l'influence du vent du N. qui règne presque partout, le baromètre remonte jusqu'à la fin du mois. Pendant ces derniers jours, des nuages viennent de temps en temps obscurcir le ciel et donnent de la pluie ou de la neige, surtout sur les montagnes voisines.

Malgré le grand nombre de jours pluvieux, la hauteur de la pluie tombée à Lyon n'a été que de 32^{mm},0, ce qui donne 5^{mm},08 de moins que la moyenne. Pour les stations de Villefranche, l'Arbresle, Duerne et Thurins, l'épaisseur de la pluie varie entre 40 et 60^{mm}, elle a atteint 88^{mm} à Bourg, 145^{mm} à

Montsol, qui est toujours bien favorisé sous ce rapport, et 119mm, environ, au fort de Joux, à Montbéliard et à Dôle.

THERMOMÈTRE. — La température a subi, pendant ce mois, des variations très-brusques et parfois un abaissement funeste à l'agriculture. La moyenne, qui est de 13°,7 le 1er, descend progressivement à 5°,9, qu'elle atteint le 7, et se maintient, jusqu'au 13, entre 6° et 10°. Une nouvelle série de jours chauds recommence le 14 et dure jusqu'au 23. La plus haute température, 23°,0, est atteinte le 15, puis la chaleur diminue insensiblement et le thermomètre à *minima* descend à 0°,4 le 26 et à — 1°,0 le 27.

Les nuits du 26 et du 27 ont été froides presque partout. Ainsi, l'on a eu 0°,1 et — 2°,7 à Paris, — 0°,2 et — 2°,5 à Genève. Dans les environs de Bordeaux, le thermomètre est descendu à — 2° dans la nuit du 26 au 27 et à — 5° dans celle du 27 au 28. Cette dernière gelée fut désastreuse pour la vigne.

La gelée fut également forte à Angers, et, à Charentus, dans la Haute-Loire, le thermomètre, qui avait atteint 23° le 22, descendit à — 7° le 27. Cannes et Perpignan furent épargnés par la gelée. Quelques phénomènes orageux précédèrent et suivirent ces refroidissements. Ainsi, à Genève, il tomba de la grêle le 25, à 5 h. du matin, et, le 28, à 8 h. 1/2 du soir, des éclairs furent aperçus au S. A Paris, il grêla le 26, à 4 h. du soir.

D'après ce qu'on vient de voir, le mois d'avril réunit à lui seul presque tous les phénomènes météorologiques. On a deux jours de brouillard, le 14 et le 29, et 16 jours pluvieux. Il tombe un peu de neige les 7, 25 et 26, et du grésil les 25 et 28. On entend le tonnerre le 2 et le 17 et il gèle fort dans la nuit du 26 au 27. Ajoutons encore un magnifique halo solaire observé le 19, au lever du soleil, par le frère Vialleton, de Thurins.

Mai

BAROMÈTRE. — La pression atmosphérique offre, pendant le mois de mai, des variations qui, quoique peu accentuées, coïncident, dans toutela France, avec les mêmes phénomènes météorologiques.

Dans les vingt premiers jours du mois de mai, le niveau du mercure exécute deux grandes oscillations, dont la durée est de 10 jours pour chacune, et dont l'amplitude est de 15^{mm}, environ. Pendant les derniers jours du mois, les vents soufflent du N. ou du N.-O., et la pression, toujours forte, n'éprouve que de très-faibles écarts.

Le mois de mai se trouve ainsi partagé en trois périodes, correspondant à des mouvements différents de l'atmosphère et donnant chacune quelques jours pluvieux.

Le 1er, la pression est partout supérieure à la moyenne, et après avoir subi un abaissement du 6 au 7, elle s'élève le 11, atteint, à Lyon, 752^{mm},5, à 2 h. 1/2 du soir, et, à Genève, 734^{mm},0, à 8 h. du matin.

A Paris, le maximum 767^{mm},7 est atteint le même jour qu'à Lyon, vers midi. C'est encore le 11 que la pression est maximum à Saint-Jean de Losne, à Marseille, à Perpignan, et cette pression est respectivement représentée, dans ces trois villes, par 750^{mm},2 759^{mm},4 et 764^{mm},0.

Le niveau du mercure venait d'exécuter la première oscillation dont je viens de parler et, pendant ce temps, le centre de dépression s'était avancé du N.-O. de l'Irlande jusque vers la Manche. Les couches d'air de l'Océan, mises en mouvement par ces changements brusques dans la pression, nous ont donné 6 ou 7 jours pluvieux, du 4 au 10.

A partir du 11, il y a partout une baisse progressive jusqu'au 18, et, ce jour-là, le baromètre ne marquait plus, à Lyon, vers 3 h. 1/2 du soir, que 734^{mm},5, hauteur minimum du mois. La dépression a donc atteint, à Lyon, $18^{mm},0$, du 11 au 18. Elle a été de $13^{mm},6$ à Mareille, de $16^{mm},6$ à Genève, de $15^{mm},1$ à Saint-Jean de Losne, et enfin de $19^{mm},5$ à Paris.

Nous venions de subir le contre-coup d'une bourrasque qui de l'Adriatique s'était transportée sur le golfe de Gascogne, pour se diriger ensuite sur l'Allemagne. Ce mouvement du centre de dépression devait nécessairement occasionner un changement dans les vents. Si l'on jette, en effet, un coup d'œil sur l'ensemble des observations de notre bassin, on voit que les vents du N. domine du 10 au 15, et qu'après avoir soufflé, pendant quelques jours, de l'E. ou du S.-E., il tourne assez brusquement à l'O., et cette dernière direction varie peu jusqu'à la fin du mois.

Après ces considérations générales, quelques détails ne seront pas sans intérêt.

Les deux premiers jours du mois sont assez beaux dans le département du Rhône, et généralement pluvieux dans la partie supérieure de notre bassin. Il tombe de la neige au fort de Joux, où le vent du S.-E. domine pendant quelques jours.

Le 3, le tonnerre est entendu à Loire et à Bourg, et l'orage, qui est menaçant au S., se dirige du côté de l'E., sans donner de pluie. A Lyon, l'horizon S.-E. est très-sombre vers 1 h. 1/2 de l'après-midi, le vent souffle faiblement du S.-O., et une petite pluie, donnant à peine $1/2^{mm}$ d'eau, tombe de 9 h. à 9 h. 1/4 du soir.

Le 5, le Rhône s'élève rapidement de $0^{m},27$, ce qui indique que les nuages orageux que nous avons vus se diriger du S.-O. au N.-E., n'ont pas tardé à se résoudre en pluie. Les observations du Saint-Bernard signalent, pour le 3, près de 13^{mm} d'eau, provenant de la neige fondue.

Le 6, la pluie, qui tombe depuis quelques jours dans le N. du bassin, s'étend à tout notre département.

Le 8, nous avons à Lyon, un peu de pluie entre 11 h. et midi et de la grêle à 4 h. 1/2 du soir. Un vent d'O. modéré règne en bas et dans les régions supérieures de l'atmosphère.

Tandis que le N.-O. souffle à Marseille, c'est le S.-O. qui est signalé à Gray, Dijon, Montbéliard et le fort de Joux. Il est même très-fort sur ce dernier point. Tout le littoral de l'Océan subit une tempête du vent d'O., dont le centre se trouve sur la mer du Nord. Mais, dès le 9, le centre de dépression se transporte sur l'Adriatique, et le vent du N., qui commence à souffler, nous donne, du 10 au 16, une série de belles journées.

Le 16, le vent, qui venait du N.-E. la veille, tourne successivement à l'E., puis au S.-E. dans la matinée. Dans l'après-midi, le vent du S. souffle avec assez de force, mais cesse vers 6 h., au moment où il tombe quelques gouttes d'eau. Mais le lendemain, il reprend avec force dès 6 h. du matin. Le ciel est aux 3/4 couvert de légers *cirrus*, qui semblent rayonner du S.-O. en forme d'éventail. La force du vent persiste pendant une partie de la journée du 17, et, à 4 h. 1/2, nous avons une averse qui ne donne que 2^{mm} d'eau. La pluie commence à s'étendre le 17 à tout notre bassin, surtout dans la partie supérieure, où certaines stations reçoivent de 16 à 19^{mm} d'eau. A Saint-Jean de Losne, un orage accompagné de grêle éclate à 11 h. du matin, et 2 heures après on subit à Genève une rafale du S.-O., qui est accompagnée de quelques coups de tonnerre.

Les mêmes phénomènes orageux se reproduisent dans toute la France dans les journées du 17 et du 18, et surtout sur les côtes de Normandie où le baromètre est très-bas.

Le 19, quoique le vent ait tourné au N., la pluie continue à tomber et atteint en moyenne la hauteur de 22^{mm}, de Villefranche à Dijon.

Le 20, elle cesse d'être générale et est très-faible dans le département du Rhône. Jusqu'à la fin du mois, nous n'avons plus que les journées du 26 et du 27 qui offrent un caractère particulier.

Le 26, le vent du S.-O. reparait et est très-fort à Genève, dans la nuit du 26 au 27. A Lyon, il succède, dans l'après-midi, au vent du N.-E.; mais, comme il est très-faible, il ne dissipe pas une brume assez épaisse qui persistait depuis le matin et voilait un peu le soleil au moment de l'éclipse.

Le 27, le tonnerre se fait entendre à Saint-Jean de Losne et à Montbéliard, et l'on retrouve presque les mêmes phénomènes orageux que pendant les journées des 17 et 18. On est sous l'influence d'une forte dépression survenue subitement au N. de l'Angleterre.

Le vent, tournant alors au N., nous donne d'abord un peu de pluie, par la condensation de l'air chaud amené par le S.-O. Il fait beau les trois derniers jours dans le bassin du Rhône. Il pleut, toutefois, un peu dans la partie supérieure du bassin de la Saône, où domine le vent du N.-O.

Quoique le nombre des jours pluvieux soit assez grand, puisqu'il varie de 11 à 13, la quantité de pluie tombée pendant tout le mois est faible, du moins dans le département du Rhône. A Lyon, par exemple, elle n'a dépassé que de quelques millimètres la moitié de la moyenne du mois, qui est de 60^{mm}. Sur les montagnes du Lyonnais, cette quantité de pluie a varié de 55 à 70^{mm}, et de 60 à 65^{mm} sur la chaine du Beaujolais. Elle atteint une moyenne de 80^{mm} dans la partie supérieure du bassin de la Saône.

La courbe qui représente le niveau de la Saône nous offre trois points culminants correspondant aux dates 3, 12 et 23. La première crue a été $0^m,35$ du 1er au 3, la deuxième de $0^m,10$, et la troisième de $0^m,60$, du 20 au 23. Au pont de la Feuillée, le niveau de la Saône est resté, pendant trois jours, du 18 au 20, à $0^m,03$ ou $0^m,04$ au-dessous de l'étiage. A la fin du mois, elle ne dépasse ce point que de $0^m,16$, ce qui donne une diminution de $0^m,76$, du 1er au 31.

La hauteur moyenne du Rhône a été de $0^m,85$, et l'oscillation autour de ce niveau n'a pas dépassé $0^m,25$. Les crues les plus fortes ont eu lieu les 5, 8 et 21.

En résumé, le 31, le niveau du Rhône se trouve, à $0^m,04$ près, au même niveau que le 1er du mois.

Thermomètre. — La fréquence des vents du N. a abaissé

la température moyenne de mai, de 2°,5 au-dessous de la moyenne ordinaire de ce mois.

La nuit la plus froide a été celle du 4 au 5, pendant laquelle le thermomètre est descendu, à Lyon, à 4°,8 avec un vent du N.-E. très-faible. Le minimum du mois a eu lieu aussi le 5 à Genève, et il a été de 1°,9. Il y a eu, ce jour-là, une gelée blanche à Bourg, ainsi qu'à Loire, où le tonnerre avait été entendu deux jours auparavant.

Les matinées les plus froides, après celle du 5, ont été celles du 1er, du 22 et du 31. Le thermomètre est descendu, ces jours-là, à 5°,7 et à 6°,6.

Le 31, pendant que nous avions à Lyon 6°,6, à Loire et Sainte-Foy-l'Argentière, on avait des gelées blanches. La journée la plus chaude a été celle du 26, pendant laquelle la température s'est élevée à 27°,8. Le temps était lourd et une brume assez épaisse, signalée également à Marseille, gênait un peu pour l'observation de l'éclipse. — L'écart entre le maximum et le minimum s'est élevé ce jour-là à 17°.

Citons encore, en terminant, comme journées chaudes du mois celles des 12 et 16, pendant lesquelles le maximum de la température a atteint 25°,6,

Juin

Pendant le mois de juin la constance de la pression atmosphérique est à remarquer, car la baisse la plus forte en 24 heures, n'a été que de 3^{mm},7 et la différence des pressions extrêmes n'est que de 12^{mm},5 pour Lyon. Cet écart, qui a été à peu près le même dans presque tout notre bassin, depuis Saint-Jean de Losne jusqu'au littoral de la Méditerranée, a atteint 20^{mm} à Paris, et a eu lieu du 9 au 12. A cette dernière date, le centre de la bourrasque était descendu du N.-O. de l'Irlande, jusqu'aux côtes de Bretagne, et le vent avait tourné au N.-O. ou à l'O. A partir de ce moment, le baromètre commence à monter et atteint, le 18, la hauteur normale du mois, au-dessous de laquelle il était toujours resté depuis le 1er. La pluie, qui tombait tous les jours depuis le commencement du mois, cesse un instant pour reprendre partiellement du 23 au 25, et redevenir générale le 30.

Quoique le nombre des jours pluvieux s'élève à 13 environ, la quantité de pluie tombée dans le mois ne dépasse pas 65^{mm} en exceptant toutefois Bourg et le fort de Joux, qui donnent l'un 93 et l'autre 112^{mm}.

Voici maintenant quelques détails sur les phénomènes météorologiques qui se sont succédé.

Dès le 1er, la pluie arriva dans le N. du bassin de la Saône, à Gray, Dôle, Dijon, et le lendemain il fait généralement beau, quoique le vent ait tourné du N. au S.

Le 3, la pluie atteint Monsol, Cublize, Loire, Genève, et enfin, le 4, elle est assez générale sans être abondante. Des orages éclatent dans la soirée et se propagent du N. au S. — Ainsi, à Saint-Jean de Losne, on a, vers 7 h. 45 du soir, quelques coups de tonnerre et une pluie abondante dont l'épaisseur est de 14^{mm}.

A Lyon, le temps était lourd et brumeux vers 9 h. du soir,

et l'on apercevait quelques éclairs à l'E. L'orage éclate au milieu de la nuit, à Lyon et aux environs, et ne donne qu'une petite quantité d'eau variant de 2 à 6^{mm}.

Le 5, la pluie s'étend à toutes nos stations, et est surtout abondante dans le N. du département, où sa hauteur atteint parfois 39^{mm}. Elle a pourtant le caractère orageux et tombe d'une manière fort inégale. Ainsi, tandis qu'un orage, avec une pluie abondante, éclate sur les hauteurs de Duerne, dans la matinée du 5, nous voyons, à Lyon, un orage passer au-dessus de nous, de 5 à 6 h. du soir, et se diriger vers l'E.

Vers 7 h. du soir, le tonnerre gronde à Genève, et, là aussi, l'orage passa sans éclater, en suivant la chaîne du Jura.

Le 6, le temps est orageux sur la Méditerranée et il pleut un peu à Marseille. Mais pendant que des orages éclatent ce jour-là au nord et au midi, il fait beau à Gray, Dôle, Pontarlier, Verdun, et, à Lyon, nous n'avons que des menaces d'orage avec des rafales assez fortes du vent du S.

Le 7, nous nous trouvons entre de fortes pressions au N.-O. et des pressions faibles à l'E. et au S.-E.; il en résulte un mouvement de l'atmosphère du N.-O. au S.-E. Sous cette influence, la température baisse de 6 ou 8°, les 8 et 9, et la pluie cesse pendant ces deux jours.

Le 11 et le 12, le temps est partout orageux, le vent s'est infléchi vers le S.-O., et, comme nous l'avons vu, la baisse est générale, plus forte toutefois dans le nord que dans le midi de la France

Dès le 11, des orages éclatent dans le midi, et le soir, a Lyon, de nombreux éclairs brillent à l'horizon S.

Le 12 et le 13, des orages venus de l'O. éclatent dans la soirée, et la pluie n'est abondante que sur les chaînes du Lyonnais et du Beaujolais, où sa hauteur atteint parfois 30^{mm}. En même temps que le baromètre monte, la pluie diminue peu à peu, et le 18 termine cette série de jours pluvieux. Ce jour-là, de 10 à 11 h. du matin, un orage poussé par le S -O. a passé sur Lyon et n'a donné que très-peu de pluie. Au N. de Lyon, les stations du fort de Joux et de Montbéliard sont les seules qui aient participé aux orages de cette journée; la première a reçu 20^{mm} d'eau, la seconde $32^{mm},2$, et Genève $15^{mm},5$.

Vers 2 h. de l'après-midi, le vent du N. remplace le vent du S.-O., qui régnait depuis plusieurs jours, et, pendant quatre jours, il fait assez beau dans tout notre bassin. Nous restons étrangers aux bourrasques qui traversent le N. de l'Europe et aux orages qui éclatent sur le littoral de la Méditerranée, où souffle le vent de l'E.

Le 23 est une journée féconde en orages. La pluie est arrivée à Lyon à 1 h. 20 de l'après-midi avec le vent d'O. Le tonnerre s'est fait entendre à Lyon entre 1 h. 1/2 et 2 h., et l'orage a éclaté presque en même dans toute la vallée de la Saône.

A Genève, on a eu le même jour trois orages, qui se sont dirigés du S.-S.-E. au N.-O. Les deux premiers ont commencé dans la matinée, l'un à 9 h. et l'autre à 11 h.; le troisième, qui a été le plus violent, a commencé à 2 h. 1/4, et, à 3 h. 40, il est tombé une forte averse mêlée de grêlons, dont quelques-uns avaient 15^{mm} de diamètre. A partir du 23, la pluie cesse peu à peu dans tout le bassin, et n'est que partielle les 24, 25 et 26.

Le temps se remet au beau pendant trois jours, à partir du 27.

Le 30, le vent, qui venait du N. les jours précédents, a tourné au S., et la baisse, qui a commencé le 27, a déjà atteint 7^{mm} à Lyon et à Genève, et 10^{mm} à Paris. La pluie s'étend à tout le bassin, en exceptant le fort de Joux, et sa hauteur varie de 10 à 20^{mm} (1).

Le versant de la Méditerranée, où la dépression avait été insignifiante, est resté en dehors de la zone pluvieuse.

Thermomètre. — La température moyenne du mois de

(1) A Lyon, une pluie abondante, sans tonnerre, est arrivée vers midi et demi et a été très-forte à 2 h. 1/2. Le vent O. S.-O. régnait dans les régions supérieures, tandis que le N.-E. soufflait en bas.

juin a été de 20°,5, et a par conséquent dépassé de 0°7 la moyenne ordinaire de ce mois.

La journée la plus froide a été celle du 8, pendant laquelle le vent du N. a été très-fort. La température a varié, ce jour-là, entre 7°,9 et 16°,9, ce qui donne une moyenne de 12°,4.

C'est le 29 que la chaleur a été le plus forte, avec un vent du S. assez fort vers midi, et un ciel généralement pur dans tout le bassin de la Saône. Ce jour-là, le thermomètre a atteint 31°,6 à Lyon, et 27° seulement à Duerne. A Thurins, Saint-Jean de Losne et Genève, la chaleur n'a été inférieure que de 1° à celle de Lyon.

C'est ce même jour qu'on a eu le maximum de chaleur à Paris et à Perpignan, et ce maximum a été de 31°,8 dans la première ville et de 33° dans la seconde.

On voit, d'après cela, que le mois de juin a réuni cette humidité et cette chaleur modérées qui sont si favorables à la végétation. Les pluies, quoique fréquentes, ont été facilement absorbées par le sol, comme on peut s'en convaincre en jetant un coup d'œil sur les hauteurs de nos rivières.

La Saône ne s'est élevée au-dessus de l'étiage, au pont de la Feuillée, que les six premiers jours, puis les 23, 24 et 25. La période pluvieuse du 11 au 19 n'a déterminé qu'une crue de 3^{mm} à Saint-Jean de Losne; mais le Doubs l'a fait monter de 1^{mm} à Verdun, du 19 au 21. Nous avons pu remarquer, par la grande quantité d'eau tombée au fort de Joux, que le bassin du Doubs avait reçu beaucoup plus de pluie que le bassin de la Saône proprement dit.

La plus forte crue du Rhône n'a été que de 0^{m},46 en quarante-huit heures et a eu lieu du 13 au 15; son niveau s'est encore élevé rapidement le 24 au soir, après l'orage du 24, pendant lequel il était tombé 19^{mm} d'eau à Genève. La hauteur moyenne du mois, qui a été de 0^{m},76, n'a pas été dépassée de plus de 0^{m},38, et, contrairement à la Saône, il est plus haut le 30 que le 1er du mois.

Juillet

Quoique le mois de juillet nous présente une dizaine de jours orageux, la pression a peu varié, et sa moyenne, qui a été de 743^{mm},5, dépasse de 0^{mm},6 la pression normale du mois. Le baromètre a atteint son minimum de hauteur le 11 et le 14, et son maximum le 17. Ces deux pressions extrêmes ont eu lieu aux mêmes dates à Paris, à Genève et à Marseille, et l'écart a varié de 8^{mm} à 14^{mm}, en allant du M. au N. Ces dates vont correspondre à des phénomènes météorologiques importants.

Le mois de juillet nous offre trois périodes pluvieuses, dont la première s'étend du 4 au 9, la deuxième du 11 au 16, et la troisième du 23 au 28.

Le premier groupe n'offre que des pluies partielles peu abondantes, tandis que les deux autres ont fourni dans la plupart de nos stations des quantités de pluie tout à fait exceptionnelles. A l'exception des premiers jours, pendant lesquels souffle le vent du N., on a presque toujours les vents humides de l'Océan, surtout dans les régions supérieures de l'atmosphère. Pendant les sept premiers jours du mois, les nuages sont poussés par le vent d'O., tandis que le N.-E. souffle faiblement à la surface du sol. On jouit alors de quelques belles journées fort chaudes, qui sont le prélude d'une période orageuse qui va durer pendant plusieurs jours.

Le 6, vers 6 heures du matin, quelques cirrus apparaissent au couchant, poussés par le vent O. N.-O. A 9 heures, le N.-E. souffle faiblement en bas, le ciel est assez pur, sauf quelques vapeurs au S., et la chaleur est de 30°,6.

A 3 h. 1/2 de l'après-midi, l'horizon O. est sombre et semble nous annoncer un orage. Des éclairs verticaux se montrent au N.-O., puis à l'O., et, à 4 h. 1/2, un tourbillon de poussière est le signe précurseur de la pluie. Le baromètre, qui avait baissé de 0^{mm},8 de 9 h. à 11 h. du matin, remonte au même point et reste stationnaire. A 4 h. 3/4, le tonnerre se fait entendre et il tombe quelques gouttes de pluie poussées par le vent d'O.

A 5 h., on voit, du côté du S., à 30° au-dessus de l'horizon, des éclairs horizontaux traçant de l'E. à l'O. une longue traînée sinueuse. L'orage, qui avait tourné rapidement du N.-O. au S.-E., disparaît peu à peu du côté de l'E.

Ce jour-là, on n'a pas eu de pluie à Thurins, à Duerne, à Tarare, tandis qu'il en est tombé 20mm à l'Arbresle et 11mm à Monsol.

En remontant vers le N., on trouve des traces de l'orage à Verdun, Saint-Jean de Losne, Dijon, et le ciel est beau ou peu couvert à Gray, Dôle et au fort de Joux.

Le 8, on a à Lyon une menace d'orage à 2 h. du matin, et le soir, de 9 h. à 10 h. des éclairs nombreux à l'E. La pluie, que nous désirions à Lyon, où la chaleur était accablante, tombait le 8 et le 9 sur le massif de la Chartreuse. On n'était pas plus favorisé à Genève, où, dans l'après-midi, deux orages, poussés par le S.-O. venaient de passer en ne donnant que quelques gouttes d'eau. Le même courant du S.-O. emportait le même jour, sur la chaîne du Jura, quelques pluies d'orage assez abondantes.

Ici se termine la première période, qui n'avait donné que quelques pluies partielles et peu abondantes. Elle finit avec une légère hausse du baromètre, et la pluie cesse généralement avec le vent du N., qui souffle les 9 et 10.

Le 11, une dépression se manifeste à l'O. de l'Europe, et le vent s'infléchit à l'O. Dans la soirée, un grand nombre d'orages éclatent dans tout le bassin, depuis la Méditerranée jusqu'à Montbéliard. Mais la pluie qui tombe est fort inégalement répartie.

Le 12, le vent du S.-O. règne partout et nous apporte une pluie abondante. Vers 1 h. du matin, un orage éclate sur les montagnes d'Izeron, s'étend sur les vallées de l'Azergue, de Ardière, etc., et donne des quantités d'eau variant de 23mm à

59mm. La foudre tombe à Saint-Germain au Mont-d'Or à côté du bureau du télégraphe, à Chasselay sur le paratonnerre d'une maison, et à Lissieux elle tue un homme abrité sous un peuplier.

En remontant vers le N., nous retrouvons partout le même caractère orageux, mais la pluie est moins abondante que dans la partie supérieure de notre département.

Après une journée assez belle, les phénomènes orageux du 12 recommencent le 14, et augmentent d'intensité et d'étendue.

A Lyon, après une matinée assez belle, quoique un peu brumeuse, le vent du S. devient fort vers 2 h. de l'après-midi, et à 3 h. le tonnerre fait entendre des coups redoublés accompagnés d'une forte pluie. Vers 4 h. 1/2, le vent tourne et l'orage est emporté par le vent O. S.-O, tandis que des nuages bas marchent rapidement sous l'impulsion du N.-O.

Cet orage est remarquable par sa persistance, car pendant trois heures le tonnerre n'a pas cessé de se faire entendre, pendant que le ciel était sillonné d'éclairs. La foudre est tombée à la Guillotière à 5 h. environ, et sur le fort Saint-Irénée, peu de temps après. Une chambre où étaient plusieurs soldats a été traversée par le fluide électrique, qui les a tous renversés et l'un d'eux a été privé de la vue, pendant quelques jours.

L'eau tombée pendant cet orage, sur trois points de la ville (Saint-Irénée, Observatoire et fort Lamotte), varie de 63 à 69mm. Elle a été de 59mm à Thurins, qui, après Lyon, est la station ayant reçu le plus d'eau.

L'orage s'est ensuite dirigé sur Bourg, où il est tombé d'énormes grêlons suivie d'une pluie assez forte, moins abondante toutefois qu'à Lyon.

Vers 7 h. du soir, Genève se trouve sous l'influence de l'orage, qui s'annonce par des bourrasques venant d'abord du S.-E. puis du N.-O, mouvement tournant que j'ai observé à Lyon. La pluie tombée à Genève pendant cet orage a été de 23^{mm},5.

La grêle est tombée en abondance sur la partie occidentale du département du Rhône et principalement aux deux extrémités voisines de la chaîne du Lyonnais et celle du Beaujolais. Les vignes de Cogny ont beaucoup souffert. A la suite de cet orage, le Rhône est monté de 0^{m},67 et la Saône de 0^{m},77. L'examen du niveau de la Saône, avant et après sa jonction avec le Doubs, montre que c'est cette dernière rivière qui a apporté le plus grand contingent à la crue.

Après le 15, le vent tourne au N. ou N.-O. et se maintient ainsi jusqu'au 20. La pluie cesse dans la partie méridionale du bassin et nous avons une série de beaux jours qui se prolonge jusqu'au 23.

Pendant la journée orageuse du 14, des secousses de tremblement de terre s'étaient fait sentir à Montélimart et dans les contrées voisines. Le 19, à 3 h. 45 du matin, ces secousses se renouvellent avec plus de violence, et sont ressenties en même temps à Viviers, Donzère, Privas et Châteauneuf. Les habitants effrayés passaient la nuit dans les champs et n'osaient plus entrer dans l'église, qui, quoique toute récente, avait été fortement lézardée.

J'ajouterai que le 19, à 5 h. du matin, j'ai été tout étonné de trouver sur mon balcon, des morceaux de plâtre qui, pendant la nuit, s'étaient détachés des joints des pierres de taille. L'oscillation serait donc parvenue jusqu'à nous.

Ces secousses quand elles sont faibles et qu'elles arrivent pendant la nuit, passent tout à fait inaperçues. Ainsi, en novembre 1869, au moment du passage des étoiles filantes, les trépidations d'un anémomètre placé sur la terrasse du palais Saint-Pierre, nous fit penser à la possibilité d'un tremblement de terre, et, le lendemain, les observateurs de Grenoble confirmèrent ce fait.

Le 23 et le 24, des orages de peu d'étendue éclatent sur quelques points du bassin, la pluie n'est forte qu'entre Saint-

Jean de Losne et Verdun. Un orage a été menaçant, à Lyon, le 23 à 4 h. du soir, mais il a passé au-dessus de nous et s'est dirigé sur Genève où la hauteur de la pluie tombée s'est élevée à 26^{mm}.

La journée du 26 est remarquable par le grand nombre des orages qui ont éclaté sur toute la France. A Lyon, l'horizon ouest a commencé à s'assombrir vers 5 h. du soir, et, en ce moment, le thermomètre qui avait atteint dans la journée 34°,4 marquait encore 31°,0. Les éclairs verticaux se montrent derrière Fourvière et s'avancent peu à peu vers le S. A 7 h. un éclair horizontal sillonne l'horizon sud sur une étendue de 90°. Le bruit du tonnerre diminue peu à peu, et à 9 h., l'orage s'est éloigné vers le S.-E., où quelques éclairs brillent encore.

La pluie tombée à Lyon pendant cet orage n'a pas atteint 1^{mm}, tandis qu'elle a varié de 4 à 6^{mm} sur les montagnes du Lyonnais et a atteint 9^{mm} à Monsol.

En remontant vers le N. on retrouve partout le même temps orageux avec une pluie peu abondante. Il se reproduit le 27 et surtout le 28. Ce jour-là, à Lyon, l'orage est déjà menaçant à l'O., vers midi, et semble se diriger vers le N.-E. sous l'influence du vent du S.-O., qui règne dans les régions supérieures. A 1 h. 1/2, c'est le N.-O. qui le ramène sur nous, d'une manière rapide et inattendue. En un quart d'heure le baromètre monte de 2^{mm}, puis il baisse avec la même rapidité. A 2 h. la pluie et la grêle tombent en abondance, pendant vingt minutes seulement.

L'horizon sud commence alors à s'éclaircir et à 9 h. 1/4 le baromètre était revenu à la hauteur qu'il avait à midi, après s'être élevé de 2^{mm},4 au milieu de l'orage. La pluie tombée s'élevait à 15^{mm}.

La grêle a fait beaucoup de mal dans les montagnes du Lyonnais, surtout à Bessenay, dans la vallée de la Brévenne. C'est vers 2 h., comme à Lyon, que l'orage a sévi dans ces montagnes, et la violence du vent a causé beaucoup de dégâts en certains endroits. Ainsi, à Thurins, d'après des renseignements fournis par le Frère Vialleton (1), un tourbillon, qui a précédé l'orage, a pu arracher un grand nombre de noyers, enlever des toitures et transporter à 5 mètres des meules entières de blé. La hauteur de la pluie tombée atteignit 58^{mm}, tandis que sur le plateau de Duerne, situé au-dessus, il n'était tombé que 15^{mm} d'eau, comme à Lyon.

Du côté de Tarare, il est tombé très-peu d'eau, mais le temps était très-orageux. A Saint-Loup, un moissonneur a été tué par la foudre, au moment où il courait vers sa maison pour s'abriter.

Pendant les trois derniers jours du mois il ne tombe que quelques pluies locales, peu abondantes, mais ayant toujours le caractère orageux. Ainsi, à Lyon, le 30, de 7 h. 1/2 à 8 h. 3/4 du soir, nous avons eu une tempête par le vent d'O., et des tourbillons de poussière semblaient nous annoncer un violent orage. Mais les nuages se sont dirigés vers l'E. en ne donnant ici que quelques gouttes de pluie.

Pendant cette dernière période, le niveau du mercure ne subit que de faibles oscillations autour de 746^{mm}. C'est dans le nord de l'Europe qu'ont eu lieu les plus faibles dépressions, et leurs centres se sont déplacés de l'O. à l'E. Le mouvement de l'atmosphère qui en a été la conséquence, est parvenu jusqu'à nous et nous a occasionné la tempête du 30.

Le littoral de la Méditerranée a échappé aux bourrasques qui ont sévi sur le reste de la France. Le 19 cependant le N.-O. a été violent à Marseille et le temps a été orageux dans les soirées du 12 et du 14. Il n'a plu que pendant la nuit du 12 au 13, et cette pluie, qui a été la seule du mois, n'avait que 1^{mm},6 d'épaisseur.

THERMOMÈTRE. — La température moyenne n'a dépassé que de 1°,3 la moyenne ordinaire du mois. Le minimum, qui a

(1) L'installation et l'entretien des instruments du Fr. Vialleton sont dus à M. Marnas, membre de la Société d'agriculture.

été de 12°,8, a été atteint le 15 et le 16 avec un vent du N. survenu après l'orage du 14. Il est descendu à 10° à Duerne et à Thurins. C'est la journée du 26, déjà signalée par un fort orage qui a été, à Lyon, la plus chaude du mois. Le thermomètre s'est élevé, ce jour-là, à 34°,4 et à Paris la chaleur a été plus forte de 0°,2.

Les vents de l'Océan ont dominé pendant ce mois, surtout dans les régions supérieures de l'atmosphère, et nous ont donné un assez grand nombre d'orages. Leur influence semble s'être arrêtée à la chaîne du Jura excepté toutefois pendent les journées orageuses des 8, 14 et 26. Ainsi, au fort de Joux, on a presque toujours eu, à l'exception de ces trois jours, des vents de l'E. et du S.-E , et la pluie tombée n'a été que le tiers de celle qui a été recueillie dans les autres stations.

A Genève les vents du N. ont soufflé dix-huit fois et le S.-O. quatre fois seulement. Aussi, il n'y a eu que 6 jours pluvieux, donnant néanmoins 81^{mm},8 d'eau.

La plus forte crue du Rhône a été de 0^{m},67 ; elle est arrivée vée le 16, après les pluies abondantes qui tombaient depuis le 11.

La Saône est restée au-dessous de l'étiage pendant tout le mois à l'exception du 16 et du 17. Sa plus forte crue, qui a été de 0^{m},77, a eu lieu, le 17 à Trévoux, et le 16 à Lyon, parce que ses eaux étaient refoulées par le Rhône, qui se trouvait alors à 1^{m},77 au-dessus de l'étiage.

Août

La période orageuse qui avait régné pendant les derniers jours de juillet, persiste encore le 1er août, au sud de Lyon. A Vals, dans l'Ardèche, un orage éclate ce jour-là, après une chaleur de 38°,5.

A Lyon, nous éprouvons, vers 6 h. 1/2 du soir, une forte bourrasque qui est accompagnée de quelques coups de tonnerre. En même temps, un nuage noir électrique passe sur notre ville, se dirigeant vers l'E. et un tourbillon de poussière se meut au-dessus de lui et disparaît aussi vers l'E. Il venait de semer en abondance la grêle et la pluie, à l'entrée de la vallée du Gier, sur Loire et Givors.

A partir du 2, le vent du N., qui souffle pendant six jours, ramène le beau temps dans tout le bassin du Rhône. Le 5, cependant, le baromètre éprouve une légère dépression, la lune est entourée le soir d'une couronne jaunâtre, et une brume épaisse obscurcit l'horizon dans les matinées des 6 et 7.

Le 8, nous avons une chaleur de 36°, que le calme de l'atmosphère rend accablante, et le soir, des éclairs et une bourrasque du S.-O. nous font en vain espérer un orage. Cette bourrasque s'est étendue sur la plus grande partie de la France, le N.-O. surtout, dans la nuit du 8 au 9.

C'est dans la matinée du 8, vers 3 h., qu'une nouvelle secousse de tremblement de terre se fit sentir dans la vallée du Rhône, depuis Valence jusqu'à Avignon. Plus forte que celle du 19 juillet elle s'est étendue jusqu'à Nîmes, Mende et le Puy. Le mouvement paraissait se diriger perpendiculairement au cours du Rhône et avait son maximum d'intensité à Donzère et à Pierrelatte, où la façade d'une maison s'est écroulée. Dans le Rac on a trouvé quelques crevasses dans la montagne de Naon et quelques-unes de ses sources ont été déplacées.

Cette trépidation du sol se fit sentir au-delà des Alpes et, à Bellune, la principale église fut fortement endommagée.

Plusieurs fois, au moment d'un tremblement de terre, on a remarqué que la lune prenait une teinte rougeâtre qui disparaissait avec la secousse.

Le 9, la bourrasque du S.-O. s'étend à toute la France et la pluie devient générale. Sa hauteur, fort inégale, atteint en moyenne, 14^{mm} dans le nord du bassin, et 7^{mm} dans le département du Rhône.

Après l'orage, le vent, tourné au N., ramène le beau temps

et le baromètre se maintient assez élevé jusqu'au 17. Néanmoins dans l'intervalle, de fortes rafales du S. ou du S.-O. ont succédé, dans la soirée, aux vents du N. qui avaient régné dans la matinée. On ressentait le contre-coup de fortes bourrasques qui venaient de traverser le nord de l'Europe. Ainsi à l'observatoir d'Upsal, on a signalé, le 12, une hausse rapide de 16^{mm} qui a été suivie le lendemain d'une baisse également forte et rapide.

Le 14, une nouvelle secousse de tremblement de terre se fait sentir, à 1 h. du matin, à Donzère et à Châteauneuf, et ébranle fortement les roches qui longent le chemin de fer.

A partir du 17, le baromètre commence à baisser et oscille, pendant les treize derniers jours, entre 748 et 743^{mm}.

Le 18, le temps devient orageux dans tout le bassin, depuis Dijon jusqu'à Marseille, et le vent souffle généralement de l'O. A Avignon, pendant un violent orage qui éclate de 6 h. à minuit, la foudre tombe sur plusieurs points de la ville.

Le même phénomène orageux se reproduit dans l'Ardèche vers 7 h. du soir, tandis qu'à Lyon, nous n'avons que quelques éclairs et quelques gouttes d'eau. Mais vers les sources de l'Azergue, Claveisolles, les Ardillats, Avenas et Monsol sont endommagés par l'orage.

Le 19, la bourrasque qui sévissait sur les côtes d'Angleterre est remontée vers la mer du Nord, où une forte baisse est signalée. C'est ce jour-là que le baromètre atteint, à Lyon, le minimum du mois, qui dépasse néanmoins 742^{mm}. Les pluies d'orage recommencent ce jour-là dans tout notre bassin, en tombant d'une manière fort inégale. Ainsi, tandis qu'il tombe de 10 à 17^{mm}, à Lyon, Loire et Thurins, il pleut à peine à Duerne, et pas du tout à Monsol.

Le 20, la pluie cesse dans tout notre bassin, excepté au fort de Joux, où elle est même abondante.

Le 22, les nombreux orages qui éclatent à l'O. n'arrivent pas jusqu'à nous et s'arrêtent sur les limites du bassin de la Loire.

Le 23, dans la soirée, nous passons par un nouveau minimum de pression, le vent souffle du S.-O. et la pluie recommence ; mais elle est peu abondante et cesse dans la soirée.

Le 27, sous l'influence d'une nouvelle bourrasque qui sévit sur les côtes occidentales de l'Angleterre, les vents de l'Océan reparaissent de nouveau et amènent des orages dans tout notre bassin. La pluie qui tombe le 27 est très-faible, à Lyon et dans les environs. Elle est au contraire très-abondante dans le nord du département, où elle atteint, en certains endroits, une hauteur de 45mm. Le courant orageux, dirigé du S.-O. au N.-E., signale son passage par des dégâts considérables. Ainsi, les communes de Tarare, Thel, Ranchal, Monsol, Cercié, sont fortement endommagées par la grêle ou par l'eau. Toutes les stations situées vers le N., telles que Montbéliard, le fort de Joux sont atteintes par un orage dans la soirée du 27. A Genève, on voit le soir, des éclairs sillonner l'horizon O., mais la pluie n'arrive que le lendemain matin vers 10 h. 1/4, amenée par un orage qui avait passé sur Lyon dans la matinée.

Le même jour, à Tournon, le tonnerre commença à gronder dès 11 h. du matin, dans la direction du N. Puis, vers midi, cette partie de l'horizon se couvrit de nuages noirs qui s'avancèrent vers le S., et il tomba tout à coup une pluie torrentielle mêlée de gros grêlons.

La journée du 28 termina la série des orages ; mais la pluie continua encore le 30 et le 31, avec le vent du N.-O, dans la région des nuages, et le S. très-faible à la surface du sol.

Thermomètre. — Si la pression atmosphérique a peu varié pendant ce mois, il n'en a pas été de même de la température.

Nous avons vu que le thermomètre avait atteint 36° dans la journée du 8, qui fut la plus chaude de l'année. Le lendemain le vent du N. souffla avec force dans la soirée et le thermomètre baissa rapidement. Aussi, le 10, le maximum n'atteignit que 21°,6 ce qui donne une variation de 14°,4 avec celui du 8. A Paris, cette différence fut encore plus forte et plus rapide, car il atteignit 15°,1 dans l'espace de vingt-quatre heures.

A Lyon, le thermomètre à minima descendit, le 10, à 12°, de sorte que dans l'espace d'un jour et demi, la température de l'atmosphère s'abaissa de 24°.

La pluie tombée à Lyon, pendant le mois d'août, est inférieure de 19^{mm}, 6 à la moyenne ordinaire du mois. Dans les stations voisines de Lyon, la moyenne de l'eau tombée atteint 65^{mm}, et 55^{mm} dans la partie supérieure du bassin de la Saône. Au milieu des fortes chaleurs de l'été cette quantité d'eau n'est pas suffisante pour élever le niveau de nos rivières. Aussi, le Rhône n'a eu que deux crues très-faibles le 11 et le 20, et s'est à peine écarté de 12 centim. de son niveau moyen 0^{m},89.

La Saône qui, depuis la forte crue du 25 avril, avait constamment été en diminuant, atteint à Trévoux le point le plus bas de l'année, le 25 août, à 4 h. du soir. Elle est alors à 0^{m},25 à l'échelle de Trévoux, et à 1^{m},05 au-dessous de l'étiage, au pont de la Feuillée, à Lyon.

Septembre

Pendant le mois de septembre, la pression atmosphérique nous offre trois phases distinctes. Pendant les onze premiers jours, elle subit de nombreuses variations, sans s'écarter beaucoup de 746^{mm}, et la pluie est assez fréquente, surtout vers le N. du bassin de la Saône. Le vent souffle généralement du N.-O., mais il s'infléchit trois fois au N. et au N.-E. les 4, 10 et 11, et la pluie cesse ces jours-là.

Du 11 au 19, la pression subit en trois jours une baisse de 10^{mm}, qui est suivie d'une hausse rapide de 13^{mm}. Le vent du S. domine pendant cette période, et la pluie est générale et abondante.

A partir du 19 jusqu'à la fin du mois, la pression est toujours élevée et ne subit que de faibles variations. Le vent se maintient entre N. et E. et nous donne une série de belles journées.

Suivons maintenant les principaux phénomènes météorologiques qui se sont présentés pendant ces trois périodes.

Le 1er, il ne pleut que dans la partie N.-E. du bassin de la Saône, où persiste encore la période pluvieuse des derniers jours du mois d'août.

Le 2, la pluie s'étend à tout le bassin. On entend le tonnerre dans l'après-midi à Lyon et à Loire, où il tombe de 10 à 11mm d'eau et un peu de grêle. Duerne, Thurins et l'Arbresle ont participé à cet orage, qui a été à peine sensible dans le N. du département.

Après deux ou trois jours de beau temps, la pluie recommence le 6, tandis que le baromètre remonte, par des oscillations successives, jusqu'au 11.

C'est alors que le mouvement du mercure s'accentue, et la marche est d'autant plus rapide qu'on s'avance davantage vers le N.

A Lyon, le baromètre descend en trois jours de 748mm,3 à 738mm, avec le vent du S., qui souffle très-fort le 14, au moment où le niveau du mercure est au point le plus bas.

Ce jour-là, un orage éclate à Marseille, où souffle le vent du S.-E.

A Grenoble, on a, vers midi, un violent ouragan, qui a duré près d'une heure et qui a été suivi d'une pluie torrentielle.

A Lyon, il pleut très-fort de 10 h. du matin à 3 h. du soir, et la hauteur de la pluie tombée atteint 19mm. Dans les autres stations du bassin, cette hauteur est très-variable et reste comprise entre 4 et 28mm.

Pendant cette journée orageuse, le mouvement de l'atmosphère semble causé par l'influence de deux dépressions simultanée, situées l'une au S.-O. et l'autre au N. de l'Europe. De là ce mouvement tournant du vent, qui souffle du S.-E. à

Marseille, du S. sur la partie moyenne du bassin du Rhône, et du S.-O. ou de l'O. sur la partie septentrionale du bassin de la Saône.

A partir du 16, le vent tourne peu à peu vers le N., en passant par l'O. Le baromètre remonte rapidement du 14 au 20 et atteint 751^{mm},6. Sous l'influence du vent, qui a continué sa rotation vers l'E., le baromètre se maintient haut, et le beau temps persiste dans tout le bassin jusqu'à la fin du mois.

Dans plusieurs localités des environs de Lyon, on s'était décidé à vendanger vers le milieu du mois, dans la crainte de voir pourrir le peu de raisins que la gelée avait épargnés. Le 25 septembre, les vendanges étaient à peu près terminées dans le bas Lyonnais, et les ceps, préservés des gelées du printemps, ont donné plus de vin qu'on ne l'espérait.

Dans le haut Beaujolais, on a commencé à vendanger le 22, avec un beau soleil, tandis qu'à Lyon le temps était couvert, avec quelques éclaircies au N.

La plaine n'a presque rien donné, par suite des gelées du printemps, mais les coteaux ont été assez favorisés.

Dans l'Ain, les vignes n'ont presque rien produit, tandis que dans la Savoie la récolte a été abondante.

Thermomètre. — La température a subi des variations plus fortes que celles de la pression.

Le thermomètre *a maxima* atteint 26° le 1er et le 12, après être descendu dans l'intervalle à 18° ; puis il oscille entre 16° et 25° pendant les derniers jours du mois.

Le 24, avec un vent du N. très-faible, le thermomètre est descendu à 7°,9, température minimum du mois. Néanmoins, c'est la journée du 15 qui a été la plus froide, car elle n'a eu que 12°,6 pour moyenne de sa température.

En résumé, le mois de septembre a été plus froid que d'habitude, car sa température moyenne n'a été que de 14°,98, tandis que la température normale est de 18°,1.

Le brouillard a fait son apparition le 12 et a été très-épais dans la matinée. Les 21, 22 et 23, il s'étend sur les montagnes du Lyonnais, et il est même signalé à Marseille.

La quantité totale de pluie tombée pendant ce mois varie beaucoup avec le lieu que l'on considère. Ainsi, elle n'a été que de 20^{mm} sur le plateau de Duerne, tandis qu'elle a atteint 77^{mm} à Bourg et 105^{mm} à Saint-Nizier d'Azergue et au fort de Joux.

Les pluies tombées du 14 au 17 ont fait monter le Rhône de 0^{m},72 à 1^{m},60, hauteur qu'il a atteinte le 19. Il a ensuite constamment baissé jusqu'à la fin du mois.

La Saône a eu, à peu près comme le Rhône, une crue de 0^{m},86 du 15 au 19; elle n'a atteint le niveau de l'étiage que le 2, sous l'influence des pluies des derniers jours du mois d'août, et le 19, après la période orageuse qui a commencé le 14.

Octobre

Les premiers jours d'octobre subissent, comme les derniers jours de septembre, l'influence d'une dépression atmosphérique dont le centre se transporte de l'Irlande à la mer Baltique, et les vents, assez faibles d'ailleurs, varient du S.-E. au S.-O.

Du 6 au 8, une baisse de 7^{mm} se manifeste dans tout le bassin et s'accentue en remontant vers le N.

Le 7, le ciel, qui était assez beau à Lyon dans la matinée, commence à se couvrir à midi, et le vent du S.-O. devient alors très-fort. La bourrasque qui sévit en ce moment sur l'Océan s'étend depuis le N. de l'Angleterre jusqu'au golfe de Lion. Un orage éclate sur Lyon à 8 h. 3/4 du soir, et la foudre tombe sur une maison située sur le chemin de Saint-Just à la Demi-Lune; la cheminée a été en partie démolie, la toiture et le plafond d'une chambre ont été traversés par la foudre. Plusieurs points du bassin sont également atteints le 7 par le mouvement orageux; la pluie commence à Saint-Jean de Losne à partir de 4 h. du soir, et, à 7 h., la foudre incendie une maison située à 1 kilomètre de la ville.

Le lendemain, la pluie est devenue générale et est en même temps très-abondante.

La hauteur de l'eau recueillie pendant ces deux jours varie de 20 à 24^{mm} aux environs de Lyon; elle dépasse 40^{mm} dans le N. du département et dans la partie supérieure du bassin de la Saône, et atteint 61^{mm} à Bourg et à Saint-Jean de Losne.

Le contre-coup de l'orage qui avait éclaté sur Lyon le 8 à 6 h. 1/2 du matin a été ressenti peu de temps après à Genève, où la foudre est tombée à midi et demi.

Le littoral de la Méditerranée n'a pas échappé à ce courant orageux, car, dans la seule journée du 8, il est tombé à Marseille 22^{mm} d'eau.

Au fort de Joux, où les sept premiers jours du mois avaient été très-beaux avec le vent de l'E. ou du S.-E., la pluie n'arrive que le 8 avec le vent du S.-O., et donne en trois jours 50^{mm} d'eau. C'est surtout le Doubs qui influe sur la crue survenue à la Saône du 8 au 10; car son niveau reste à peu près le même à Saint-Jean de Losne, tandis qu'en aval du confluent du Doubs il monte de 2^{m} du 9 au 11.

Le Rhône a également été influencé par les pluies du 8 et du 9, car, le 10, son niveau s'était élevé de 0^{m},90 dans l'espace de quarante-huit heures.

Cette pluie était attendue avec impatience par les cultivateurs, qui voulaient faire leurs semailles, d'autant plus qu'ils préjugeaient de l'approche de l'hiver à cause du départ esd dernières hirondelles. Les martinets étaient partis depuis quinze jours, et déjà l'on voyait descendre vers le M. des nuées de corbeaux et de palmipèdes.

Du 8 au 11, le vent tourne peu à peu au N.-E., en passant par l'O., et tandis que le baromètre baisse en Irlande, nous avons partout une hausse de 8 à 10^{mm}, qui ne se maintient pas.

Du 11 au 13, le vent revient au S., et la hauteur du baromètre perd en deux jours ce qu'elle avait gagné en trois. En même temps, une bourrasque traverse le N. de l'Europe en allant du S.-O. au N.-E.; il pleut sur le versant océanien, mais ces pluies n'arrivent jusqu'à nous que le 14.

Il pleut très-peu dans la partie supérieure du bassin de la Saône, et le niveau de la Saône, à Verdun, est plus bas le 16 que le 14. Le niveau du Rhône, au contraire, monte à Lyon de $0^{m},31$ du 14 au 16. La pluie avait, en effet, été très-abondante à Genève et au Saint-Bernard, où elle avait atteint, le 14, une hauteur de 42^{mm}.

A Marseille, où le vent de l'E. a régné du 11 au 19 et a été très-fort dans la nuit du 17 au 18, trois navires, qui étaient à l'entrée du port de la Ciotat, ont été désancrés et ont sombré; il a plu du 14 au 19, et ces six jours de pluie ont donné 39^{mm} d'eau. Le 16, il est tombé 59^{mm} d'eau à Collioure, tandis qu'à Lyon, le même jour, le ciel reste couvert, sans la moindre pluie, et le baromètre conserve toute la journée la hauteur de 742^{mm}, avec un vent du N. qui, faible dans la matinée, a été fort le reste de la journée.

A partir du 19, le baromètre commence à baisser, lentement d'abord. Le temps est couvert comme les jours précédents, et il ne tombe que quelques gouttes dans la soirée.

Le vent, qui soufflait du N., tourne peu à peu à l'O., et la baisse du baromètre devient rapide à partir du 21; elle atteint en trois jours 17^{mm} à Lyon, Genève et Perpignan, et 21^{mm} à Paris. Le vent du S.-O. souffle avec force le 23, dans la journée et la nuit; le maximum de l'intensité de cet ouragan a eu lieu à 1 h. à Paris, vers 2 h. à Troyes, et dans la soirée dans la partie supérieure du bassin de la Saône. Il sévissait, depuis le 20, sur les côtes d'Angleterre et sur la mer du Nord.

Le baromètre n'a baissé à Marseille que de 6 à 7^{mm} du 21 au 24, et les côtes de Provence ont été à l'abri de cette tempête du S.-O., dont l'influence s'étendait du Portugal à la Baltique.

La pluie, qui avait commencé à tomber en petite quantité le 21 et le 22, devient générale et très abondante le 24, surtout dans l'après-midi, au moment où la baisse est à son maximum. Dijon, Dôle, Verdun reçoivent de 30 à 40^{mm} d'eau.

A Lyon, la pluie tombée dans la soirée du 24 et pendant la nuit s'est élevée à 26^{mm},5. Elle a été un peu moins forte à Genève; mais, au Saint-Bernard, où le S.-O. soufflait avec force, il est tombé une grande quantité de neige le 24 au soir, et une partie de la journée du 25. L'eau provenant de la fusion de cette neige a atteint 58^{mm} de hauteur.

Le Rhône, qui n'était qu'à 0^{m},35 le 24, monte à 1^{m},15 le 26. La Saône monte à Lyon de 1^{m},13 dans le même intervalle et continue à croître de 0^{m},68 les deux jours suivants. Elle reste à peu près stationnaire à Saint-Jean de Losne du 23 au 27 ; mais, après avoir reçu les eaux du Doubs, elle monte de 1^{m},89 à l'échelle de Verdun.

A partir du 24, la hausse du baromètre est encore plus rapide que ne l'avait été la baisse, car, en trois jours, elle atteint 19^{mm} à Lyon et 31^{mm} à Paris. Le maximum de la pression se maintient le 27 et le 28 avec le vent du N., qui nous donne quelques gelées blanches; il persiste dans la partie supérieure du bassin de la Saône, où il pleut un peu les deux derniers jours du mois. Le vent s'infléchit un peu à l'O., dans la partie moyenne du bassin, où la pluie est un peu plus forte que vers le N.

Sur le littoral de la Méditerranée, où le vent souffle entre le S.-E. et le S.-O., la pluie est abondante du 28 au 30, et donne 11^{mm} d'eau.

Thermomètre. — Les douze premiers jours du mois d'octobre ont été beaux, à l'exception de la journée orageuse du 8; pendant le reste du mois, le ciel a été couvert ou pluvieux.

Pendant les sept premiers jours, le thermomètre *a minima* s'est très-peu écarté de 14°, et le thermomètre *a maxima* a atteint en moyenne 25°.

Après l'orage du 8, le beau temps reparaît, et nous retrouvons, du 8 au 14, la même uniformité et le même écart dans les températures extrêmes. Mais le temps s'est beaucoup refroidi, car la moyenne du *minima* est inférieure de 8° à celle des premiers jours.

A partir du 14, nous retrouvons dans la température la même variation que dans la pression. Les couches des thermomètres *a minima* et *a maxima* sont très-voisines l'une de l'autre, ce qui indique un ciel couvert ou pluvieux.

Après l'orage du 24, qui a été accompagné d'une pluie abondante, le thermomètre descend rapidement et n'est plus qu'à 1°,5 le 27 et le 28. Dès le 25, la neige a déjà fait son apparition au fort de Joux et sur les montagnes qui avoisinent Genève, et le 31 il en tombe un peu sur les montagnes du Lyonnais.

Nous avons eu des brouillards les 6, 11, 12, 18, 27, 28, 29, 30. Celui du 27, qui a été le plus intense, limitait la vue à 50 mètres vers 7 h. du matin; les autres ont été beaucoup moins épais.

Novembre

Les deux tiers du mois de novembre ont été pluvieux, sans donner toutefois une grande quantité d'eau, car à Lyon, par exemple, la moyenne ordinaire du mois n'a été dépassée que de 10^{mm}. Ces jours pluvieux se divisent en deux séries égales séparées par quelques journées assez belles et froides.

Le 1er, il faut beau dans tout le bassin au Rhône. Le brouillard, qui était assez épais à Lyon dans la matinée, avait été dissipé par le vent du S., qui était fort dans la soirée et assez froid. Le soir, à 9 h. 1/2, la lune présentait une couronne coloréeen jaune sur les bords, dont le diamètre était de 10° environ. En même temps, on voyait distinctement des cirrus poussés par le vent du S., et des cumulus, par le vent d'O. Le baromètre, qui était à 741^{mm},9 le matin à 9 heures, avait baissé de 5^{mm} le soir à la même heure. Le lendemain, à 2 h. du soir, la baisse, qui avait atteint 9^{mm}, reste stationnaire jusqu'à 5 h., et, en ce moment, il tombe une forte pluie qui donne, à Lyon, 18^{mm} d'eau.

Elle s'étend à tout le bassin, depuis Marseille jusqu'à Dijon, et est partout également abondante.

Le ciel reste couvert, mais sans pluie, jusqu'au 4, à Montbéliard et au fort de Joux, où le vent d'E. souffle à la surface du sol, tandis que le S. dirige les nuages.

Le 3, le vent du S. souffle encore, mais est très-faible, et le baromètre atteint, à 2 h. de l'après-midi, 729^{mm},2, qui a été la hauteur minimum du mois.

Nous venions de subir le contre-coup d'une forte bourrasque, qui avait sévi dès le 1er sur nos côtes et avait été accompagnée de fortes pluies. La dépression atmosphérique qui s'était manifestée à Paris le 31, à 6 h. du soir, s'était arrêtée le lendemain à midi et avait été de 10^{mm}. C'est du 1er au 3 que le niveau du mercure a bsissé à Lyon, à Genève, à Marseille, et la baisse s'est accentuée en allant du N. au S.

Le 3, pendant que l'atmosphère était calme à Lyon, un orage éclatait sur Marseille dans l'après-midi, et, dans la nuit, le vent du S.-O. occasionnait une tempête.

A partir du 3, le niveau du mercure remonte rapidement et d'une manière à peu près constante jusqu'au 7, quoique le vent du S. domine.

Le 8 et le 9, nous sommes sous l'influence d'une légère dépression, dont le centre est sur le golfe de Gascogne, et une pluie assez forte s'étend sur tout le bassin, depuis Marseille jusqu'à Montbéliard ; elle cesse le 10 dans le département du Rhône, et, le 11, dans la partie supérieure du bassin.

A partir du 11 le temps se maintient assez beau avec des vents très-variables. Ainsi le 12, le vent qui venait du N.-E. dans la matinée, soufflait du S.-E. à midi et du S.-O. le lendemain. Ce mouvement tournant était occasionné par le passage d'une bourrasque qui sévissait en Espagne et sur la Méditerranée, et qui ne s'est manifestée dans nos contrées que par une baisse de 8^{mm}. A Marseille, au contraire, un orage, accompagné d'un vent d'E. très-violent, a éclaté dans la nuit du 13 au 14 et a donné 26^{mm} d'eau.

Le 17, le baromètre a déjà remonté partout de 13 à 14^{mm} et se trouve à la hauteur maximum du mois. Le vent du N. domine du 15 au 21 et ne souffle avec force que le 16.

Une nouvelle baisse commence le 21, et le baromètre, qui était ce jour à 748^{mm},3 à 9 h. du matin, n'est plus qu'à 742^{mm},1 le lendemain à la même heure et à 731^{mm},0 à 3 h. 1/2 de l'après-midi. Une tempête du vent d'O. sévissait en ce moment sur les côtes de l'Océan et nous envoyait des couches d'air humides et tempérés. Le vent souffle du N.-O. ou du S.-O. pendant le reste du mois et s'étend à tout le bassin, en exceptant toutefois le littoral de la Méditerranée.

Dans la nuit du 26 au 27, le vent d'O. soufflait de nouveau avec force sur les côtes de l'Océan, et le 27, dans la matinée, la pluie était forte dans tout le bassin du Rhône. A 5 h. 1/2, au moment où le baromètre qui avait baissé de 10^{mm}, en trente-deux heures, commençait à remonter, la pluie recommence et le N.-O. succède au S.-O. qui régnait le matin. A 8 h., quelques éclairs ont sillonné l'horizon S.-O. L'orage avait été plus fort à Genève, où le tonnerre s'était fait entendre de 3 h. à 3 h. 1/2 de l'après-midi. Il était tombé une pluie abondante, mêlée de grêle, avec le vent d'O., puis une forte rafale du S.-O. avait dirigé l'orage vers le N.-E.

C'est pendant cette journée orageuse qu'il y a eu, dans les Pyrénées centrales, un tremblement de terre dont les secousses ont été ressenties à Toulouse et à Cahors. Le même phénomène se reproduisit le 28 et le 29.

D'après les observations faites à Bagnères, la première secousse fut précédée, pendant 15 ou 20 minutes, d'une crépitation semblable à celles qui accompagnent quelquefois les aurores boréales, et le ciel se couvrit d'une teinte rougeâtre qui disparut après la trépidation.

Les pluies de la première période n'ont donné au Rhône qu'une crue de $0^m,34$, du 7 au 10. Il n'en a pas été de même de la Saône qui, du 8 au 13, a monté de $1^m,92$ à Verdun et de $1^m,18$ à Lyon.

Les pluies de la deuxième série ont élevé le niveau du Rhône de $1^m,22$ du 27 au 29, et celui de la Saône de $1^m,48$ du 26 au 30.

Cette dernière rivière a continué à monter jusqu'au 2 décembre, et a atteint ce jour-là, à Lyon, la hauteur de $1^m,64$ qu'elle n'avait pas eu depuis le mois d'avril.

La température a été douce pendant la durée des pluies que les vents de l'Océan nous ont amenées, au commencement et à la fin du mois. Les températures moyennes de ces deux périodes pluvieuses, diffèrent très-peu l'une de l'autre, quoique celles-ci soient séparées par une série de jours froids. C'est la journée du 9 qui offre la moyenne la plus élevée du mois qui a été de 12°1. Le maximum de la température s'est élevé à 16° et a été atteint dans la journée du 26, qui avait débuté par un brouillard épais et humide, bientôt chassé par un vent du S. assez fort.

Les vents du N. qui nous ont donné quelques beaux jours, vers le milieu du mois, ont en même temps refroidi la température, du 10 au 22. Le thermomètre *a minima* est descendu à — 2°,9 le 20, qui a été le jour le plus froid du mois.

Les gelées ont commencé le 16, aux environs de Lyon, et ont cessé le 22. Dans la partie supérieure du bassin le thermomètre a commencé à atteindre le zéro, du 10 au 14, et la gelée a cessé, comme à Lyon, à partir du 22.

Le brouillard s'est montré vingt-trois fois, mais n'a été intense que les 1, 4, 12, 15, 20, 21, 24, 25 et 26. Ces jours-là, à 9 h. du matin, la vue ne s'étendait pas au-delà de 250 mètres.

Les brouillards du 15 et du 20 se sont produits dans des circonstances particulières. Le 15 la température de l'air avait baissé rapidement dans la matinée et était inférieure de 5° à celle du Rhône. Il avait fait beau toute la matinée, lorsque vers 10 h. du matin un épais brouillard s'élève du Rhône. Le même phénomène s'est de nouveau présenté le 20, avec cette différence toutefois, que le brouillard était déjà épais à 9 h. du matin, car la vue ne s'étendait pas, à cette heure-là, au-delà de 75 mètres.

En résumé, l'année que nous venons de parcourir a été pluvieuse et son hiver assez doux. La hauteur de toute la pluie tombée dépasse de 23^{mm}, la hauteur moyenne des douze années qui précèdent. Les mois de décembre, mars et juillet ont fourni à eux seuls 347^{mm},4.

Le printemps a été un peu plus froid que d'habitude, et l'été un peu plus chaud, offrant l'un et l'autre une différence de 0°,7 seulement avec les moyennes ordinaires.

La différence avec la moyenne normale a atteint 2°,55 pour l'hiver dont la température exceptionnellement douce a porté la moyenne de l'année à 12°,90 au lieu de 12°,22, comme dans les années ordinaires.

Les principaux résultats de nos observations se trouvent exposés dans les tableaux qui suivent.

BIBLIOTHEQUE NATIONALE DE FRANCE
3 7531 03970570 3

www.ingramcontent.com/pod-product-compliance
Ingram Content Group UK Ltd.
Pitfield, Milton Keynes, MK11 3LW, UK
UKHW020401220726
13923UKWH00004B/1668

9 782019 626860